Mustapha Chelghoum

Histologia vegetal

Mustapha Chelghoum

Histologia vegetal

Resumo

Imprint

Any brand names and product names mentioned in this book are subject to trademark, brand or patent protection and are trademarks or registered trademarks of their respective holders. The use of brand names, product names, common names, trade names, product descriptions etc. even without a particular marking in this work is in no way to be construed to mean that such names may be regarded as unrestricted in respect of trademark and brand protection legislation and could thus be used by anyone.

Cover image: www.ingimage.com

This book is a translation from the original published under ISBN 978-620-6-71194-0.

Publisher:
Sciencia Scripts
is a trademark of
Dodo Books Indian Ocean Ltd. and OmniScriptum S.R.L publishing group

120 High Road, East Finchley, London, N2 9ED, United Kingdom
Str. Armeneasca 28/1, office 1, Chisinau MD-2012, Republic of Moldova, Europe
Printed at: see last page
ISBN: 978-620-7-62027-2

PREÂMBULO E OBJECTIVOS

As plantas vasculares que colonizam a terra são a fonte mais importante de várias necessidades humanas, como a alimentação, a proteção e os cuidados. O estudo das plantas é uma necessidade desde o início dos tempos. A necessidade de classificar as plantas de modo a poderem ser identificadas levou ao desenvolvimento de várias técnicas de estudo das plantas. A morfologia de uma planta é a consequência das características da estrutura interna do seu organismo. O desenvolvimento da microscopia permitiu o estudo desta estrutura interna. Um organismo vegetal é constituído por um conjunto de células organizadas em tecidos. O estudo dos tecidos é designado por histologia. Os biólogos utilizam a histologia para compreender outros domínios, como a fisiologia e a bioquímica. A histologia vegetal é particularmente importante na farmacognosia, onde os medicamentos são constituídos por fragmentos de plantas cuja morfologia externa não pode ser utilizada para os identificar. Certas características histológicas permitem classificar as espécies mesmo a níveis inferiores.nEste folheto é dedicado à descrição dos tecidos vegetais. Está dividida em três capítulos: o primeiro trata da célula vegetal, o segundo descreve os diferentes tecidos vegetais e o terceiro descreve a organização dos tecidos nos diferentes órgãos vegetais, conhecida como anatomia vegetal. As descrições simples e suficientes foram acompanhadas de ilustrações pictóricas, facilitando a compreensão dos diferentes conceitos.

ÍNDICE DE CONTEÚDOS

CAPÍTULO I

A CÉLULA VEGETAL

1. Definição

A célula é a unidade estrutural e funcional do organismo vivo. As plantas são constituídas por células eucarióticas (núcleos verdadeiros delimitados por uma membrana), que diferem das células animais numa série de aspectos que têm implicações importantes para a estrutura e função de todo o organismo. As células variam em tamanho, forma, estrutura e função.

2. Estrutura da célula vegetal

A célula vegetal é constituída por uma gotícula de matéria viva: o protoplasma, compartimentado por membranas e rodeado por uma parede rígida (Figura 1). A célula é constituída por 90% de água e 10% de matéria seca.

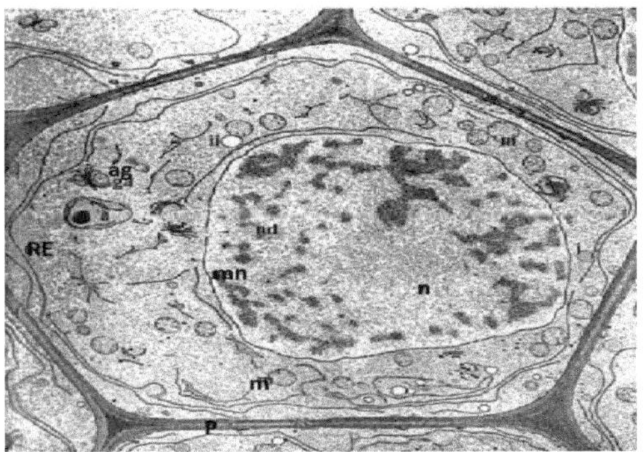

Figura 1: Ultra-estrutura de uma célula meristemática

Micrografia eletrónica de transmissão de uma célula meristemática na tampa da raiz de Zea mays (milho). O protoplasto, dominado pelo núcleo (n), contém mitocôndrias (m), corpos de Golgi (ag) e um retículo endoplasmático (er). O protoplasto está rodeado por uma parede primária de celulose (P). Note que nesta célula meristemática, apenas alguns pequenos vacúolos (brancos) estão presentes. As estruturas escuras no núcleo são cromossomas. Ampliação × 5973. Adaptado de Whaley et al.

a. O protoplasma: constituído por uma substância de base que é um hidrogel lipoprotéico transparente (hialoplasma) no qual o citoplasma está oco. Os enclaves: hidrofílicos (o vacúolo) e hidrofóbicos (as inclusões lipídicas), encapsulam os elementos vivos: o núcleo, o condrioma, o plastidoma, o retículo endoplasmático e o dictiossoma.

b. O vacúolo: o vacúolo contém vários solutos a uma concentração de 0,5 M. Contém também várias enzimas hidrolíticas, que contribuem para a diferenciação de certas células através da lise do conteúdo celular, deixando apenas a parede celular. O vacúolo pode conter pigmentos e substâncias proteicas.

c. O núcleo: é constituído por uma dupla membrana porosa, a membrana nuclear, que delimita um suco nuclear (água, sais minerais) no qual estão imersos um ou mais nucléolos e a cromatina. O núcleo confere à célula o seu carácter vivo e é responsável pela transmissão hereditária.

d. O condrioma: é constituído por granulações, mitocôndrias, local da respiração celular, e filamentos, o condrioconte. Nalguns casos, estes grânulos estão agrupados em cadeias, o condriomito.

e. O plastidoma: composto por plastídeos. Existem diferentes tipos. Um plastídeo é delimitado por uma membrana dupla. A membrana externa é contínua, enquanto a membrana interna tem invaginações para o estroma. O estroma contém ribossomas e ADN, diferentes dos que se encontram no núcleo. Também estão presentes gotículas de lípidos e amido. O precursor de todos os plastídeos é o proplasto, que se diferencia no cloroplasto, onde ocorre a fotossíntese, no amiloplasto, onde o amido é armazenado, e no cromoplasto, onde os pigmentos se acumulam.

f. O retículo endoplasmático (RE): sistema de sacos, alguns dos quais contêm grânulos, o RE granular, local de síntese proteica, e outros não, o RE liso, local de transporte das proteínas sintetizadas.

g. Dictiossoma ou aparelho de Golgi: conjunto de sacos e vesículas utilizado para excretar material proteico.

h. A **membrana é** constituída por duas camadas de fosfolípidos nas quais se inserem várias proteínas; a membrana que delimita o citoplasma da periferia da célula chama-se membrana plasmática ou plasmalema e é contínua de uma célula para a outra através de pontes citoplasmáticas no lúmen das células. plasmodesmata. O segundo tipo de membrana delimita o vacúolo, o tonoplasto. Estas membranas controlam a passagem de substâncias de e para os compartimentos celulares.

i. A parede: de natureza pectocelulósica, a parede é composta por três elementos:

• Uma estrutura de celulose, hemicelulose e cadeias pépticas

• Um cimento complexo de pectinas e elementos associados

• Água (até 80% da massa da parede)

Micrografia eletrónica de transmissão de uma secção transversal de partes das paredes de três células adjacentes de Pseudotsuga (abeto de Douglas) mostrando a lamela média (ML), as paredes primárias (P) e as três camadas de paredes secundárias (S1, S2, S3).

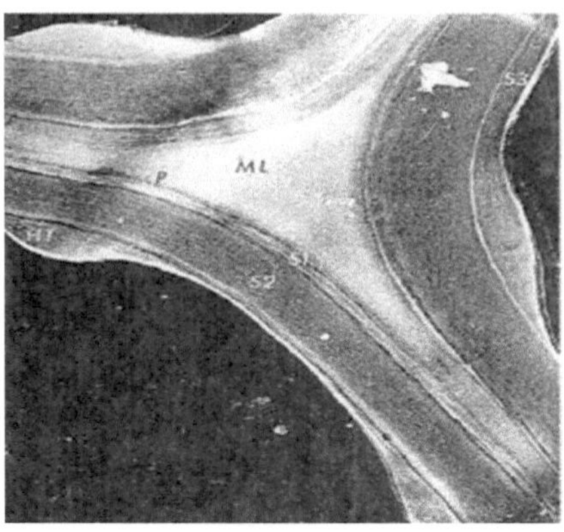

Figura 2: Ultra-estrutura da parede

A parede é composta, em primeiro lugar, pela parede primária, que é a primeira e única parede formada nas células indiferenciadas, capaz de crescer em comprimento e espessura, e pela lamela média partilhada por duas células vizinhas. A parede secundária forma-se em seguida nas células diferenciadas (Figura 2).

3. Meristema e células meristemáticas

a. Estrutura da célula meristemática

A ferramenta sem a qual a planta não poderia desenvolver-se é um grupo de células com características particulares, as células meristemáticas. O conjunto das células meristemáticas constitui o meristema. Uma célula meristemática (Figura 3) pode ser caracterizada pelo seu estado indiferenciado. É geralmente pequena e isodiamétrica, com pouca ou nenhuma vacuolação. A sua parede, desprovida de incrustações terciárias, é pectocelulósica e pouco espessa. O citoplasma é relativamente denso e o núcleo volumoso. Os organelos que aí se acumulam ainda não começaram a diferenciar-se, se é que o fizeram. O seu número é ainda reduzido.

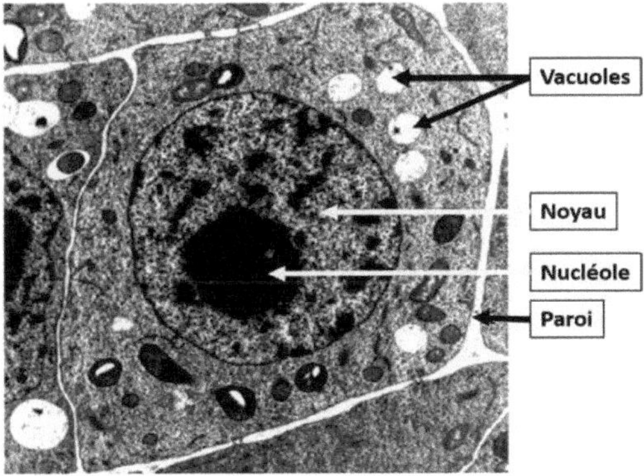

Figura 3: Estrutura de uma célula meristemática

Para além destes elementos de indiferenciação, que fazem com que todas as células de um meristema sejam muito semelhantes, o estado meristemático é acompanhado de totipotência (capacidade de se diferenciar em função do meio) e, nomeadamente, de poder mitótico.

b. Localização dos meristemas

Um meristema estará ativo onde nasce: é uma consequência direta da impossibilidade de migração celular nas plantas. A sua localização espacial terá, portanto, um impacto evidente na morfologia do órgão que forma. Da mesma forma, a estrutura que ele cria depende do momento exato em que começa a funcionar. Consoante se inicie no princípio ou no fim do seu desenvolvimento, dará origem a formações muito diferentes. Se tivermos em conta estes dois factores, o espaço e o tempo, podemos dividir os meristemas de uma planta em várias categorias.

i. Meristemas embrionários

Para além dos dois meristemas principais (meristema apical da raiz e meristema apical do caule), existem várias células meristemáticas na base dos cotilédones que asseguram o seu desenvolvimento. O meristema apical radicular e o meristema apical caulinar estão sempre posicionados nas extremidades do eixo do embrião: são os meristemas apicais.

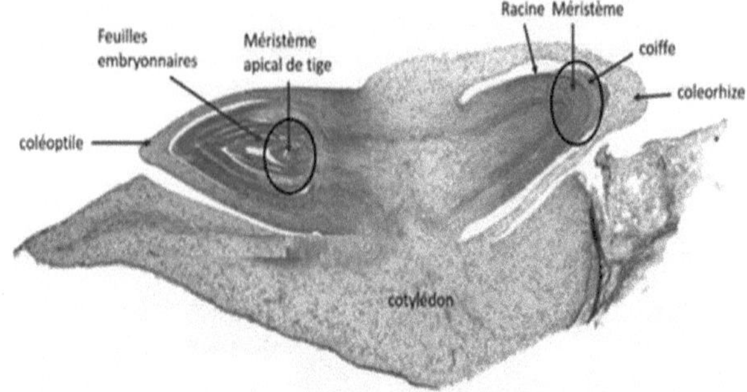

Figura 4: Meristema embrionário

ii. Meristemas primários

• **No caule:** Em primeiro lugar, existe um meristema apical caulinar (Figura 5) situado no ápice do caule principal em alongamento. Trata-se, de facto, do meristema derivado do embrião que continuou a funcionar no caule. A este meristema juntam-se vários meristemas laterais que, quando se tornam activos, poderão produzir os ramos laterais da planta. Estes estão protegidos no interior de estruturas especiais desenvolvidas pelos caules: os gomos laterais.

Figura 5: Estrutura do ápice de um rebento vegetativo, note o par de primórdios foliares (1) na sua base e um par de primórdios de gemas (1) nas suas axilas. A ponta do ápice (3) é constituída por uma célula pequena e densamente citoplasmática, mas as células do meristema das nervuras estão vacuoladas e tornam-se a medula (4) do caule jovem. A margem do ápice é constituída por células meristemáticas marginais densamente coradas (5). Procâmbio (6)

• **Na raiz**: Existe apenas um meristema: o meristema apical da raiz (Figura 6), geralmente em posição subapical porque está sempre coberto pela capa. No entanto, o periciclo pode ser considerado, pelo menos parcialmente, como um meristema. É aqui que nascem as raízes laterais do órgão subterrâneo.

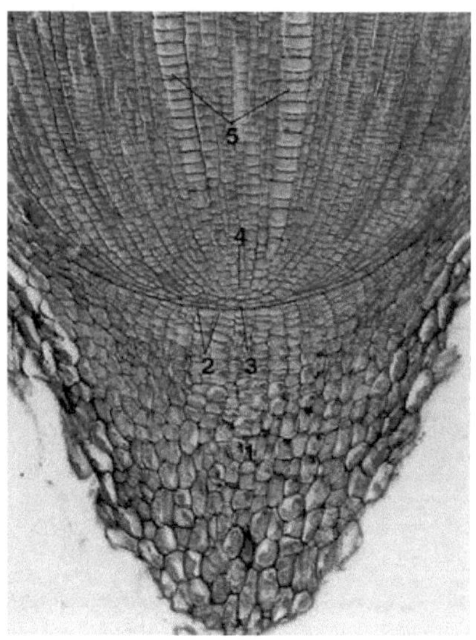

Figura 6: Estrutura da ponta da raiz. A figura mostra uma capa proeminente que cobre o ápice. O chapéu (1) tem as suas próprias iniciais distintas (caliprogénio, 2) enquanto a epiderme e o córtex aparentemente surgem de um nível comum de iniciais (3) adjacente ao caliprogénio. O cilindro central do procâmbio tem as suas próprias iniciais (4). Note as fileiras (5) de células hipertrofiadas no procâmbio que representam o futuro elemento condutor.

• **Na folha:** O conhecimento dos meristemas foliares é mais fragmentário do que no caso do caule e da raiz. Parece que, inicialmente, um meristema basal inicia o crescimento da folha. Mais tarde, os meristemas marginais localizados na borda da lâmina foliar assumem o controlo.

iii. Meristemas secundários

Para além das formações primárias, existem formações secundárias produzidas por meristemas secundários chamados cambiums. Originalmente, um câmbio aparece como um cilindro de células indiferenciadas que se estende sobre a totalidade ou parte do órgão em que se encontra. Este cilindro é geralmente constituído por uma zona cambial que contém várias camadas de células. As células do meristema secundário dividem-se de um modo periclinal (tangencial), dando origem a células de um lado (para o exterior) e outras do outro (para o interior) do câmbio, e de um modo anticlinal (radial), indispensável para aumentar a circunferência do câmbio.

CAPÍTULO II
HISTOLOGIA VEGETAL

1. Definição

Um tecido é um conjunto de células com a mesma origem e a mesma função principal. Um tecido pode ser homogéneo, quando é formado por um único tipo de células com a mesma morfologia, ou heterogéneo, quando é formado por células morfologicamente diferentes.

2. Classificação dos tecidos

Os tecidos podem ser classificados de acordo com a sua origem como :
• Primário: derivado de meristemas primários

• Secundário: de meristemas secundários.

E de acordo com a sua função principal em :
• Tecidos de cobertura: proteção dos órgãos

• Tecidos parenquimatosos: assimilação ou reserva de clorofila.

• Tecidos de suporte: reforçam a portabilidade do órgão

• Tecidos condutores: condução de seiva bruta e processada

• Aparelho secretor: secreção de substâncias orgânicas.

3. Especialização de tecidos de talófitos a cormófitos

A diversidade de tecidos que caracteriza as plantas vasculares (traqueófitas) não é inexistente nas talófitas e briófitas, mas é menos acentuada. Nas talófitas, por exemplo, as hifas podem aglomerar-se para formar pseudo-tecidos (prosênquima e pseudo-parênquima). A especialização dos tecidos é mais acentuada nas pteridófitas, que possuem epiderme, parênquima e tecidos condutores. O meristema primário tem como função a formação de tecidos primários, enquanto o meristema secundário tem como função a formação de tecidos secundários. Estes tecidos são agrupados de acordo com a sua função: tecidos de revestimento, parênquima e tecidos de suporte, tecidos condutores e tecidos secretores.

4. Morfologia dos tecidos vegetais

Para além da função do tecido, a morfologia das suas células difere de um tipo para outro. Os tecidos são estudados por meio de técnicas de microscopia, depois de terem sido cortadas secções de um órgão vegetal. As secções são pré-tratadas com corantes especiais para que possam ser diferenciadas ao microscópio.

Na prática, são utilizados os seguintes elementos para identificar um tecido:

• **Localização no órgão**: na superfície do órgão, na casca, no limite entre o cilindro central e a casca, na casca ou na medula, etc.

• **Número de camadas**: um tecido pode ser constituído por uma ou mais camadas ou por um aglomerado de células.

• **Junções celulares:** as células podem estar unidas, separadas por carnes (espaços triangulares entre três células adjacentes) ou lacunas (espaços largos entre várias células).

• **Forma e tamanho das** células: as células podem ter várias formas: rectangulares, sinuosas, poligonais... pequenas ou grandes...

• **A natureza da parede**: primária ou secundária; espessa ou fina; lignificada ou suberificada, etc.

• **O estado da célula**: viva ou morta

I. Tecidos vegetais de origem primária

1. Tecidos de cobertura

i. Definição: Os tecidos **protectores** protegem o organismo do meio exterior, limitando as perdas de água e formando uma barreira contra os agentes patogénicos. As suas propriedades devem-se à impregnação da sua parede celular por derivados lipídicos (cutinização, suberificação), mas não impedem completamente as trocas gasosas.

ii. Tecido de revestimento caulinar (A epiderme) :

Trata-se de um tecido superficial de origem primária constituído por uma única camada de células poligonais entrelaçadas, sem carnes entre elas, e orientadas ao longo do comprimento do órgão. As paredes internas e laterais são finas e celulósicas, enquanto a presa externa é frequentemente espessa e pode estar coberta por um revestimento denominado cutícula. A cutícula é constituída por cera e cutina, substâncias de origem lipídica (Figura 1).

A epiderme pode apresentar pêlos resultantes do alongamento de certas células epidérmicas. Trata-se de pêlos tectores que desempenham um papel protetor e que têm uma cutícula semelhante à das células epidérmicas. A sua forma é variável: unicelular ou pluricelular, uni ou multisseriada, maciça ou ramificada. Alguns pêlos são constituídos por células independentes da epiderme e têm uma função secretora. São os chamados pêlos secretores e fazem parte do aparelho secretor (Figura 1).

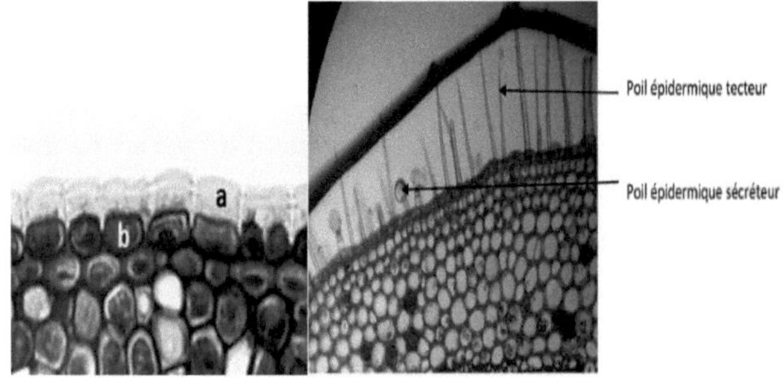

A epiderme: As paredes periclinais externas das células epidérmicas estão impregnadas de lenhina e cutina, e expandiram-se consideravelmente. a: cutícula, b: célula epidérmica

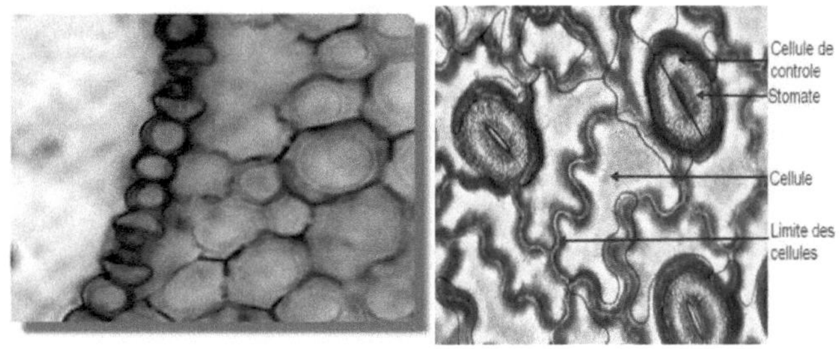

Corte transversal através da epiderme, observando o estoma

Vista da superfície da epiderme de uma folha. Note os estomas

Figura 01: Epiderme

A epiderme não é um tecido contínuo, mas apresenta aberturas na base epidérmica através das quais se efectuam trocas gasosas com a atmosfera, designadas por estomas aeríferos, ou a partir das quais exsudam gotículas de água (estomas hidrófugos). Um estoma é constituído por duas células em forma de rim, frequentemente clorofiladas, com uma abertura entre elas, o ostiole; por baixo das células estomáticas existe uma lacuna, a câmara sub-estomática. A membrana das células estomáticas é espessa do lado do óstio e fina do lado oposto (Figura 1).

iii. Revestimentos de raízes :

Consoante a zona radicular, podem encontrar-se diferentes tecidos. Na zona de absorção, existem dois tecidos de cobertura das raízes: a base pilífera, que desempenha igualmente um papel de absorção, e a base subuniforme nas dicotiledóneas, ou a suberóide nas monocotiledóneas.

Leito pilífero: leito de células, algumas das quais têm um prolongamento que forma um pelo absorvente. O leito pilífero protege a zona de absorção. Trata-se de células vivas com uma parede pectocelulósica e um grande vacúolo túrgido. São destruídas em cima e regeneram-se em baixo (figura 2).

Tecido suberificado : Acima desta região, a raiz é protegida por um tecido com uma parede suberificada. Trata-se de uma camada única de células denominada camada suberosa ou de várias camadas denominadas suberóide. Estas células são contíguas e de forma poligonal (Figura 2).

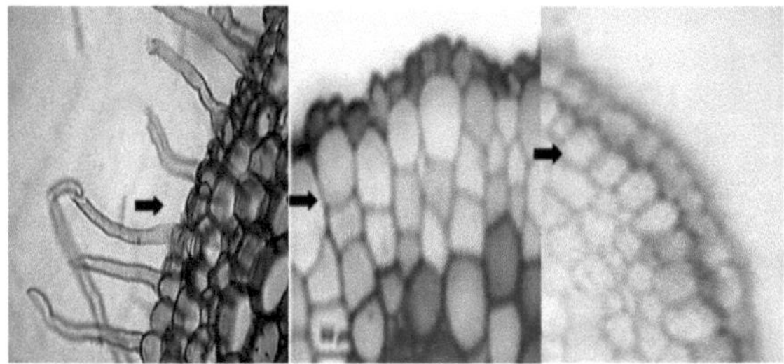

a: Leito pilíferob: Leito suberóidec: Leito suberoso

Figura 2: Tecidos de revestimento da raiz

2. Parênquima

i- Definição:

Trata-se de um tecido fundamental no interior do qual os diferentes tipos de células especializadas se diferenciarão posteriormente. A palavra parênquima designará, portanto, essencialmente todas as células que não parecem ter qualquer especialização particular. Daí a tendência para o considerar como um simples tecido de "enchimento". Mas, na realidade, o parênquima tem funções não menos importantes que as dos outros tecidos. As funções de assimilação e de reserva. As células parenquimatosas têm uma parede pectocelulósica, são poligonais, de forma e tamanho variáveis, com ou sem carnes, e por vezes com lacunas.

ii- Tipo de parênquima

Consoante o papel do parênquima, distingue-se entre :

Os parênquimas assimiladores caracterizam-se pelos seus plastídeos "clorofilados" e estão situados nas regiões exteriores dos caules e das lâminas foliares. É a este nível, através da fotossíntese, que são produzidos os materiais energéticos ou plásticos (Figura 3).

O parênquima de reserva, situado mais profundamente, acumula as substâncias energéticas que a planta utilizará no momento oportuno. Estes materiais acumulam-se em vacúolos ou no citoplasma. Entre eles, o parênquima amiláceo nos tubérculos e nas sementes, e as células com reservas de proteínas (aleurona) ou de gordura nas sementes (Figura 3).

O parênquima hidático é constituído por células grandes com um vacúolo muito desenvolvido, rico em água e, frequentemente, em mucilagem. Trata-se de um tipo de parênquima de reserva em que a água é o composto armazenado.

O parênquima aerífero, encontrado em plantas aquáticas, é uma variedade de tecido lacunar onde as lacunas muito grandes armazenam ar (Figura 3).

É feita uma distinção entre :

O parênquima paliçádico, um parênquima clorofilado caracterizado por duas ou mais filas de células alongadas e contíguas, orientadas perpendicularmente à epiderme (Figura 3).

O parênquima lacunar, em que as células não estão unidas e estão separadas por lacunas, e o parênquima meatal, em que as células formam espaços triangulares entre três células (Figura 3).

O parênquima do meato é constituído por várias camadas de células poligonais. Entre cada três células, existe um espaço denominado meato (Figura 3).

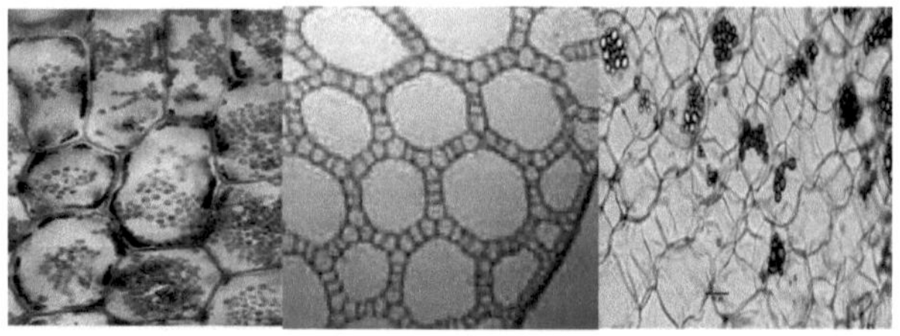

Parênquima assimilador Parênquima aerífero Parênquima de reserva

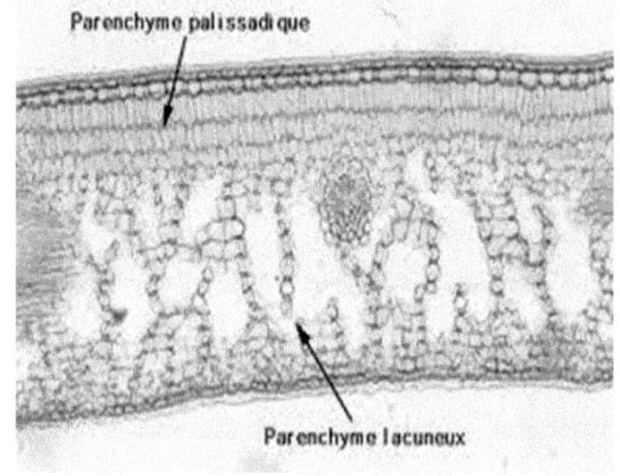

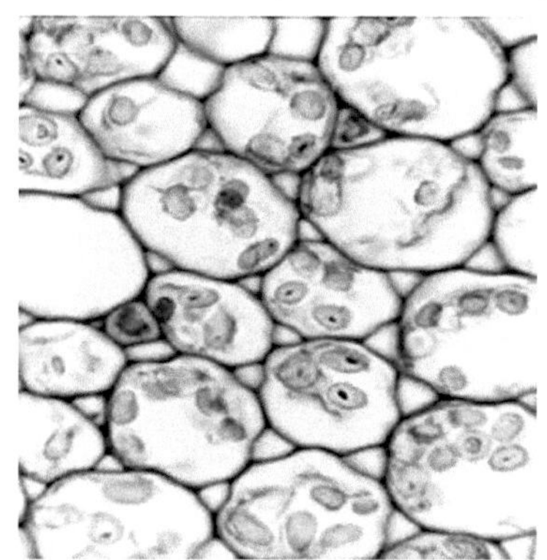

Parênquima com meato

Figura 3: Parênquima

3. Tecidos de suporte

i- Definição:

O aparelho de suporte é um conjunto convencional de tecidos cujo papel mecânico consiste em contribuir para a resistência da planta. A resistência, a flexibilidade e a elasticidade de um caule resultam das qualidades específicas e da arquitetura destes elementos de suporte. Todos os elementos de suporte têm uma parede muito espessa. De acordo com a natureza da sua parede, podem distinguir-se dois grupos: o colênquima, formado por células que permaneceram vivas e cujas paredes são exclusivamente celulósicas, e o esclerênquima, formado por células geralmente mortas e cujas paredes são mais ou menos fortemente lenhificadas.

ii- Colênquima :

É o tecido de suporte dos órgãos jovens e aéreos que ainda não completaram o seu crescimento. O colênquima é constituído por células vivas com paredes espessadas por um depósito de celulose. Em secção transversal, têm um aspeto diferente consoante o grau de espessamento das suas paredes (Figura 4).

- **O colênquima é redondo** ou **anular**. A parede é uniformemente espessada no interior; não há carnes.
- **Colênquima lamelar**: as células estão separadas por cartilagens; apenas nos bordos das cartilagens a parede é espessada.
- **O colênquima angular:** a parede só é espessada nos cantos;espaço normalmente ocupado pelas carnes é preenchido por celulose e pela lamela péctica média.

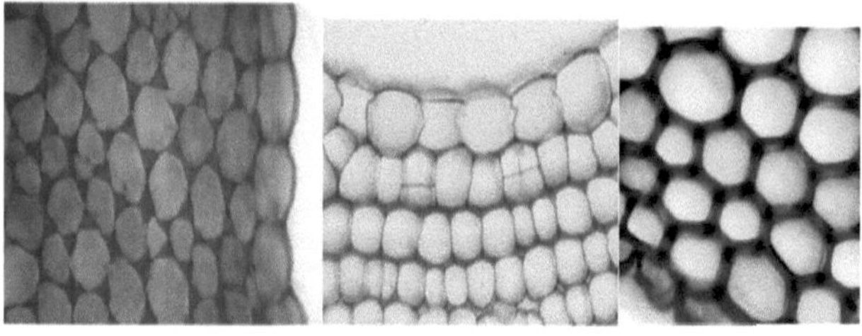

Colênquima angularColênquima lamelarColênquima redondo

Figura 4: Colênquima

iii- O esclerênquima

Os elementos do esclerênquima têm paredes espessadas com diferentes graus de lenhificação. De acordo com a sua forma, é feita uma distinção entre células de esclerênquima, escleritos e fibras (Figura 5).

• As células escleróticas são aproximadamente isodiamétricas. A sua parede é inteiramente lenhificada e escavada por numerosos canalículos; limita um lúmen correspondente à cavidade celular, cujo conteúdo desapareceu totalmente. As células escleróticas são células mortas.

• Os escleritos são células escleróticas ramificadas, geralmente grandes. A sua presença é caraterística de certos órgãos duros.

• As fibras são células alongadas, fusiformes (em corte longitudinal), comma parede espessa, mais ou menos lenhificada, rodeando uma cavidade central: o lúmen, que são células mortas.

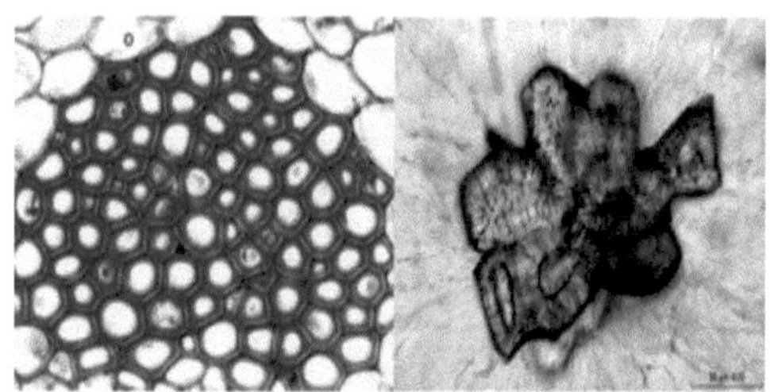

Células escleróticas

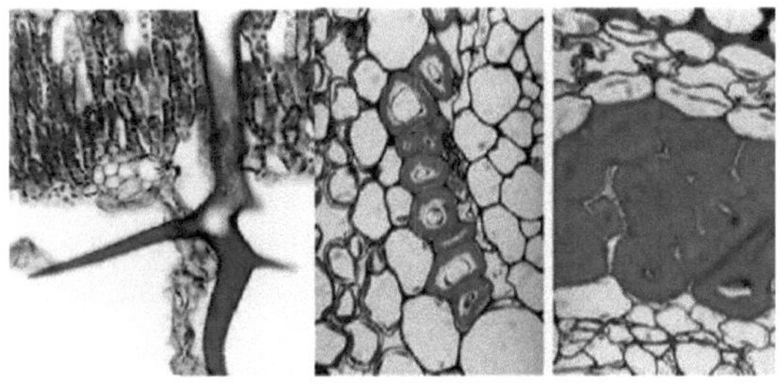

Fibras de esclerite

Figura 5: O esclerênquima

4. O dispositivo condutor

Durante a vida de uma planta, um duplo fluxo de líquidos - a seiva - percorre o seu corpo. A seiva bruta é constituída por água e sais minerais, extraída do solo ao nível das raízes, e circula de baixo para cima (seiva ascendente) para chegar aos diferentes tecidos assimiladores. É transportada pelos elementos funcionais do **xilema ou tecido vascular**. A seiva elaborada é uma solução de matéria orgânica, que circula de cima para baixo em direção aos tecidos que a utilizam. É transportada pelos elementos funcionais do **floema ou tecido crivado.** O xilema e o floema constituem, em conjunto, o aparelho condutor das plantas ou tecido criblo-vascular. O aparelho condutor está localizado no cilindro central do caule e da raiz, e nas nervuras das folhas (Figura 6).

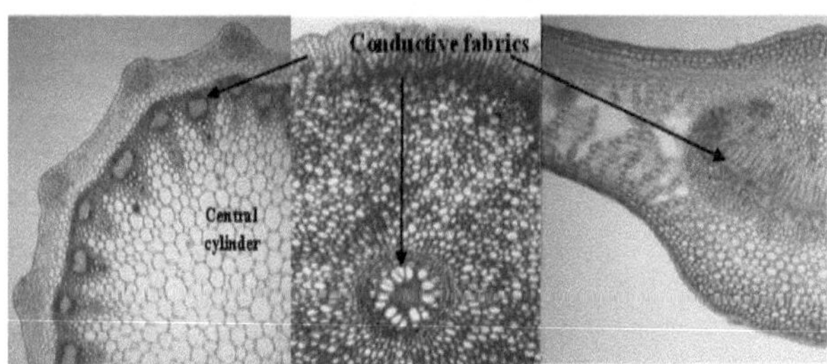

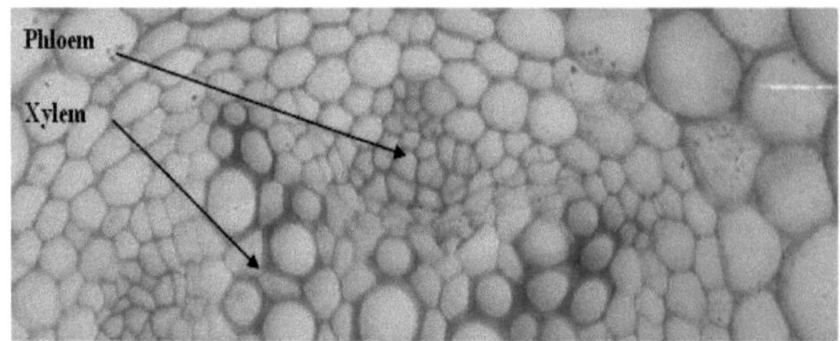

Figura 6: O aparelho condutor das plantas

A.O xilema

É um tecido heterogéneo, constituído pelo protoxilema e pelo metaxilema (Figura 7). **O protoxilema** é constituído pelos primeiros elementos lenhosos diferenciados antes de o órgão ter completado o seu alongamento. **O metaxilema** aparece em contacto com o protoxilema depois de o órgão ter completado o seu alongamento a partir de células que adquiriram características parenquimatosas.

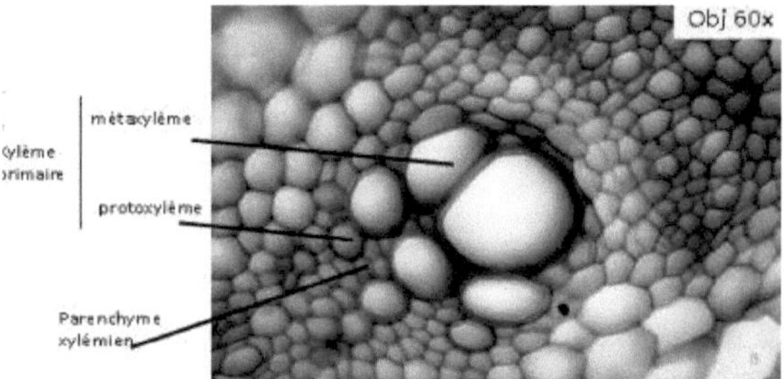

Figura 7: O xilema

O xilema é constituído por elementos condutores e não condutores.

a. **Elementos condutores :**

São constituídos por células mortas alongadas com espessamentos de lenhina nas paredes laterais que separam as manchas de celulose. Distinguem-se os vasos imperfeitos (traqueídos) e os vasos perfeitos (traqueídos).

Traqueídos: células muito alongadas, com extremidades afiladas, paredes secundárias lignificadas e paredes terminais pontuadas. As paredes são transversais e, por conseguinte, não formam filas contínuas. A circulação efectua-se em forma de chicane. Consoante a impregnação de lenhina, é feita uma distinção (figura 8):

• **Traqueídos anelados ou espiralados**: parte do protoxilema. Divisões transversais biseladas. Os espessamentos estão dispostos em anel ou em espiral, respetivamente.

• **Traqueídos escalariformes**: elementos do meta-xilema dos fetos. Um traqueídeo escalariforme tem uma secção transversal poligonal com uma extremidade biselada. A sua disposição faz lembrar uma escada, daí o seu nome. De uma vertical à outra, os espessamentos de lenhina formam os degraus da escada, ladeando as manchas de celulose.

• **Traqueídos com pontuações areoladas**: parte do meta-xilema das gimnospérmicas, com extremidades biseladas, paredes lenhificadas e pontuações areoladas por onde circula a seiva.

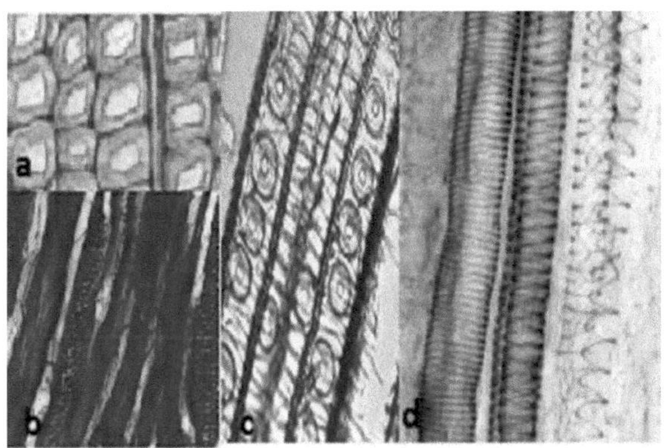

a: Secção transversal, b: Secção longitudinal, c: Traqueídos areolados, d: Traqueídos em espiral

Figura 8: Traqueídos

Traqueias (vasos perfeitos): São constituídas por filas de células alinhadas que se fundem de ponta a ponta à medida que se desenvolvem, desaparecendo as paredes transversais para formar uma espécie de tubo que pode ter vários metros de comprimento. As paredes longitudinais são espessadas com lenhina (Figura 9) e distingue-se entre :

• **Vasos anelados e espiralados**: o espessamento forma uma ornamentação em forma de anel ou em espiral.

• **Vasos com riscas**: a ornamentação é feita com riscas

• **Vasos reticulados**: rede de paredes lignificadas, paredes transversais e perfuradas

• **Vasos punctados**: os mais largos e mais curtos, a parede transversal é reabsorvida.

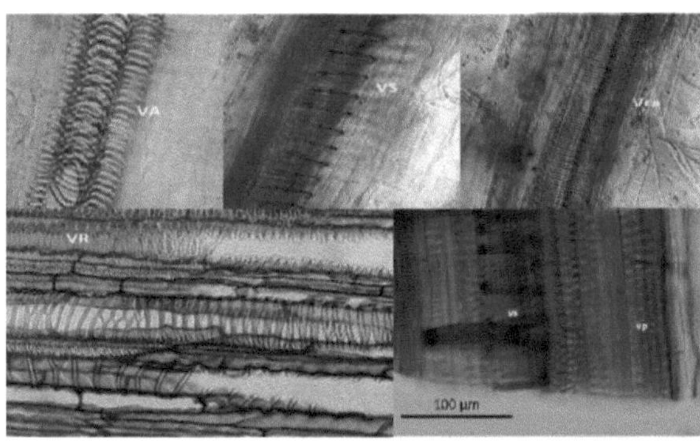

Figura 9: Os navios

b. Elementos não condutores

O parênquima lenhoso: constituído por células vivas com uma parede pectocelulósica ou lenhificada, desempenha um papel de reserva ou de regulação da quantidade de seiva bruta. Em função da sua posição, distingue-se o parênquima vertical (parênquima lenhoso propriamente dito) e o parênquima horizontal (raios medulares, interlinhas) (Figura 10).

Fibras: células alongadas com uma extremidade afilada e uma parede lenhificada, cujo conteúdo desapareceu; são pontuadas.

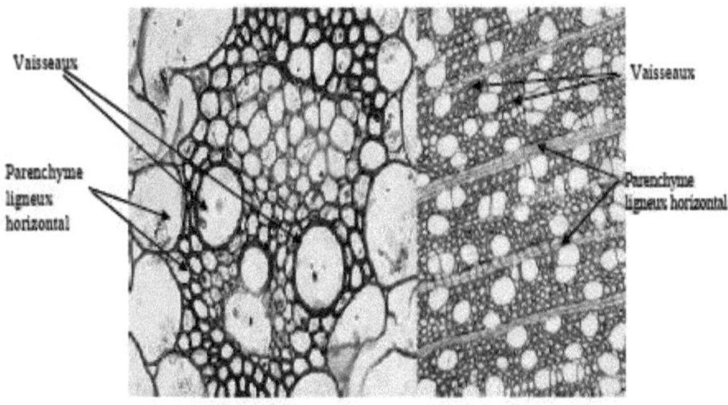

Figura 10: Parênquima lenhoso

B. Floema: tecido crivado

Trata-se de um tecido heterogéneo (Figura 11). É constituído por tubos crivosos, que são os condutores da seiva elaborada, e por células companheiras.

Os tubos crivosos: são células vivas alongadas com uma parede celulósica, cujas paredes transversais são perfuradas por punções uniformemente distribuídas ou agrupadas em placas crivosas. Os tubos crivosos têm uma duração de vida curta, após o que as placas crivosas são cobertas por um tampão **"caloso"** constituído por uma substância especial chamada calose.

Células companheiras (células anexas): São formadas por divisão desigual das células iniciais dos tubos crivosos. As células companheiras assumem o controlo depois de os tubos crivosos perderem a sua atividade.

Parênquima floemático: células parenquimáticas comuns longitudinalmente alongadas com uma parede de celulose não protegida.

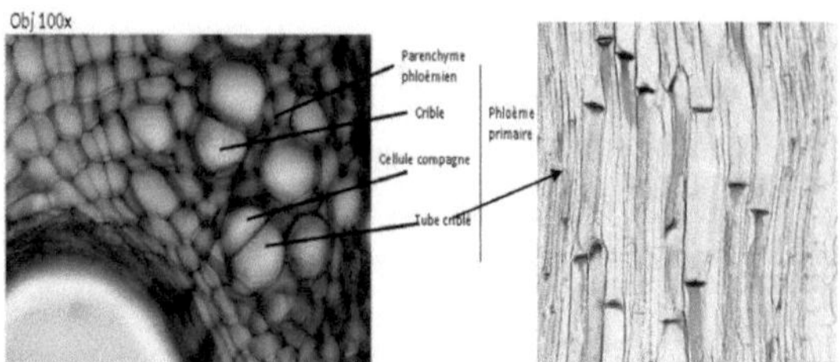

Figura 10: O floema

II. Tecidos vegetais de origem secundária

Os tecidos secundários são característicos das Gimnospérmicas e das Dicotiledóneas. São o resultado do funcionamento dos meristemas secundários (cambium). Existem dois tipos de meristemas secundários (Figura 11).

O câmbio xilemófilo: conhecido como câmbio vascular ou câmbio para abreviar. É o câmbio mais importante para o crescimento de uma planta com formações secundárias. Aparecendo no interior dos elementos condutores do cilindro central, produz, muitas vezes em abundância, novos elementos condutores: madeira (xilema secundário) para o interior e líber (floema secundário) para o exterior.

O câmbio suberofelodérmico ou felogénico: forma-se na casca. A planta deve-lhe dois tecidos secundários: o súber (cortiça), um tecido de revestimento exterior, e o feloderma, um tecido parenquimatoso interior.

Devido ao modo de divisão periclinal das células do câmbio, as células dos tecidos secundários aparecem dispostas em filas radiais.

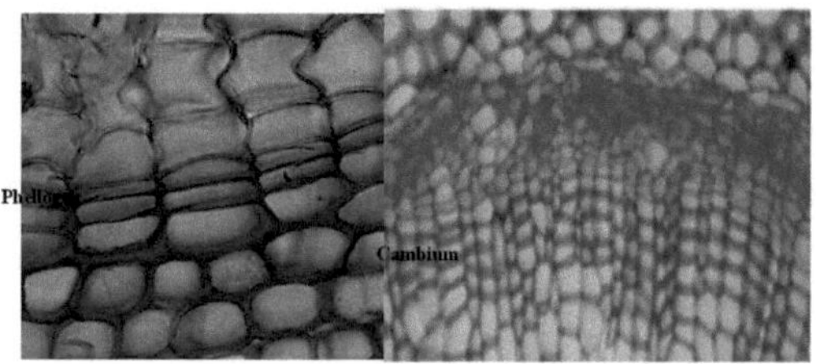

Figura 11: Os cambiums (vascular à direita)

1. Madeira (xilema secundário)

Cresce para dentro. Cresce de forma centrípeta, sincronizada com as estações. Forma estratos anuais constituídos por duas partes (Figura 12). A madeira de primavera, de cor clara e com células grandes, porque as condições climáticas são favoráveis ao crescimento, e a madeira de outono, mais escura e dura, com células mais pequenas. Esta madeira constitui a maior parte dos troncos das árvores.

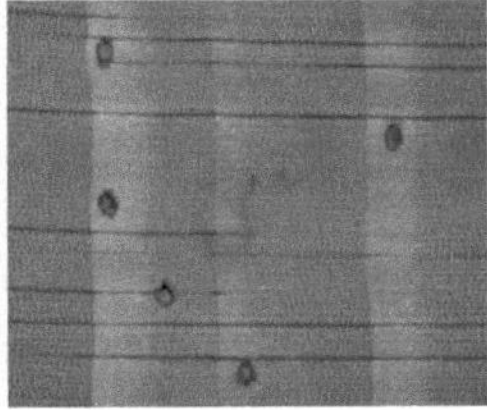

Figura 12: As camadas anuais de madeira

A observação anatómica da madeira revela uma clara diferença entre a das gimnospérmicas e a das angiospérmicas dicotiledóneas (Figura 13). Nas Gimnospérmicas, tem um aspeto uniforme e é constituído apenas por traqueídos, maioritariamente areolados e desprovidos de vasos; diz-se que é homoxilado. Nas Dicotiledóneas, é constituída por vasos e também por traqueídos, sendo designada por madeira heteroxilada.

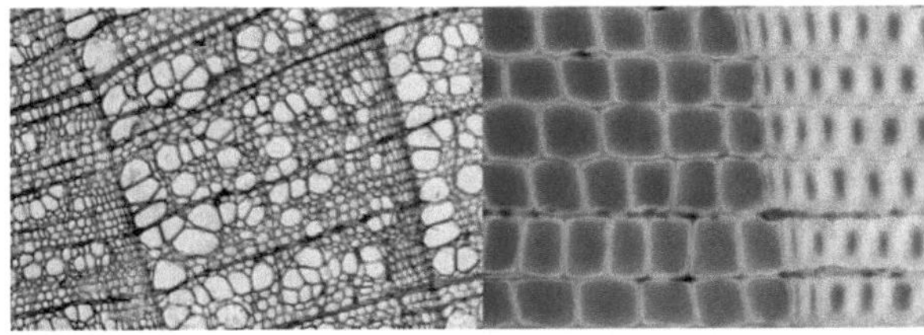

Figura 13: Tipos de madeira (homoxilada à direita, heteroxilada à esquerda)

2. A liberdade

Desenvolve-se para dentro (Figura 14). Os elementos condutores do líber são representados pelas células e tubos crivados. Os elementos não condutores são formados pelo parênquima vertical e horizontal do líber. Juntamente com o parênquima lenhoso, este último forma os raios medulares. Estes são bandas de células orientadas radialmente que vão do parênquima medular ao parênquima cortical e atravessam sucessivamente o lenho e o lenho de dentro para fora. Os raios medulares são mais ou menos largos, simples, duplos ou múltiplos.

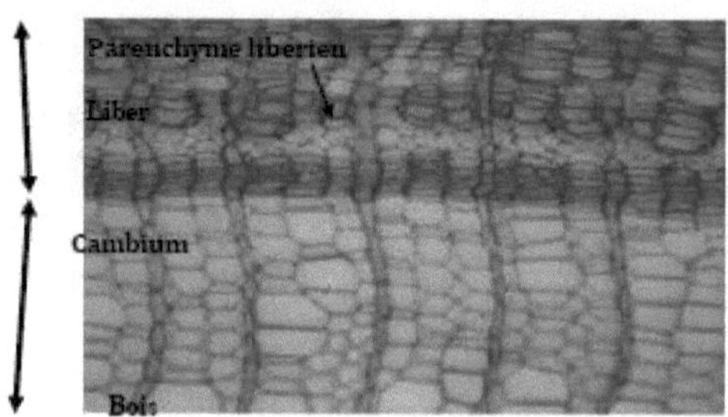

Figura 14: Tecido condutor secundário

3. O suber

Também conhecido como cortiça, é um tecido de revestimento secundário, formado por várias camadas de células suberificadas rectangulares, de paredes mais ou menos espessas (Figura 15), com lenticelas que as atravessam.

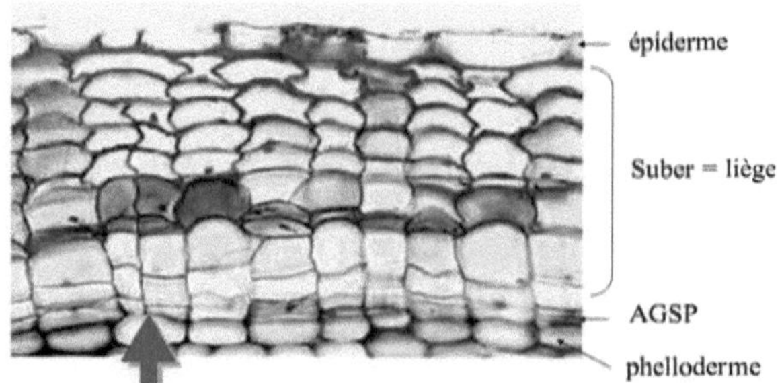

Figura 15: Suber

III. Aparelho de secreção

1. Definição

O aparelho secretor é um grupo de células ou tecidos em diferentes locais, cujo papel é produzir, armazenar e transportar secreções vegetais. É feita uma distinção entre :

- Pêlos secretores

- Bolsas de secreção

- Ductos secretores

- Células de gasolina

- Os laticíferos

- Os nectários

2. Pêlos secretores

São também conhecidos como pêlos glandulares. Estão situados na epiderme dos órgãos aércos. São constituídos por duas partes, a cabeça (que contém os óleos essenciais) e os pés (Figura 16). De acordo com a organização das células, existem :

- Pêlos com cabeças e pés unicelulares

- Pêlos com cabeças multicelulares e pés unicelulares

- Pêlos com cabeças unicelulares e pés multicelulares

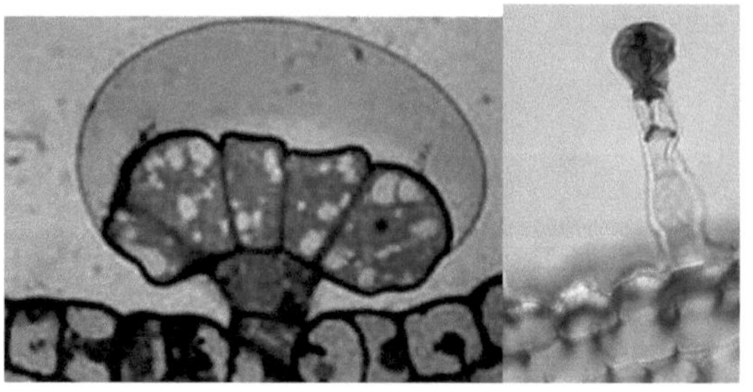

Figura 16: Pêlos secretores

3. Bolsas de secreção

Encontram-se no interior da casca. Trata-se de uma estrutura esferoide, formada por uma camada produtora de essência no meio de um tecido parenquimatoso. As camadas interiores podem romper-se para libertar a essência. Este processo é conhecido como bolsa esquizolisígena. Se a essência for libertada para a bolsa sem destruir as células, esta é conhecida como bolsa esquizogénica (Figura 17). As bolsas aparecem como manchas translúcidas nas folhas.

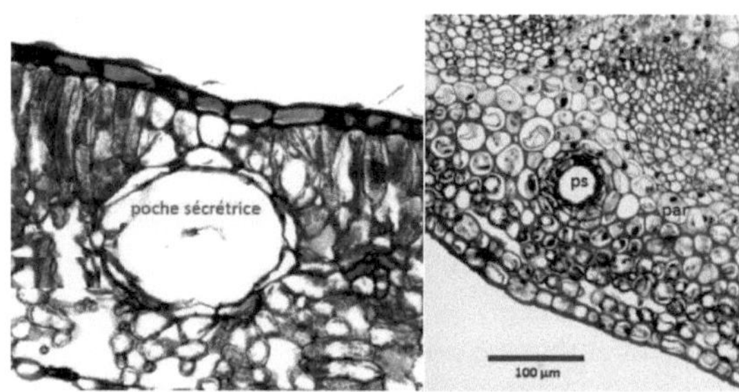

Bolsa esquizolisígena Bolsa esquizogénicaFigura 17: Bolsas secretoras

4. Ductos secretores

O lúmen de um ducto secretor é mais estreito do que o de uma bolsa (Figura 18). Encontram-se em vários órgãos. Tanto na casca como no cilindro central.

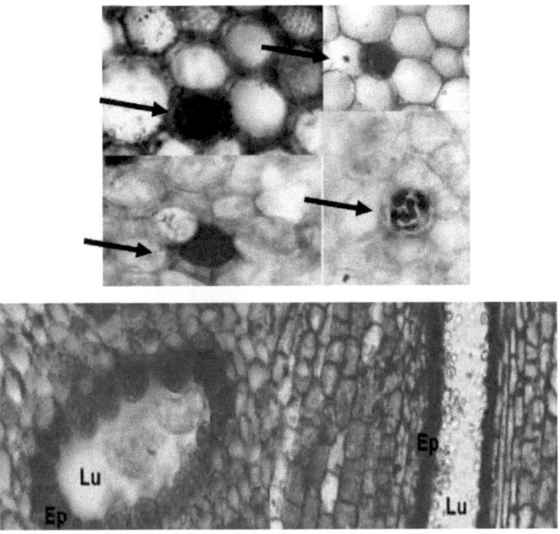

Lu: lúmen do ducto, Ep: parede do ducto Figura 18: Ductos secretores

5. Pilhas de combustível :

Geralmente, são células epidérmicas que armazenam essências, como as encontradas nas pétalas de rosa (Figura 19). Apresentam-se com uma parede dilatada.

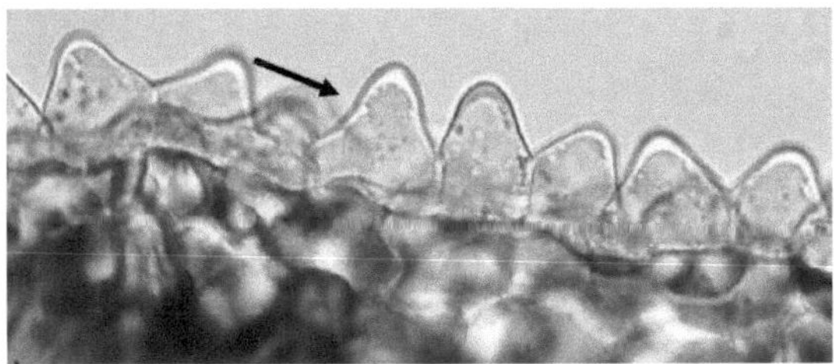

Figura 19: Células de gasolina

6. Os laticíferos :

Percorrem toda a extensão do órgão, através dos vários tecidos (Figura 20). Segregam e transportam o látex, uma substância leitosa que contém alcalóides. Os laticíferos podem ser articulados ou não articulados (multinucleares), ramificados ou não ramificados.

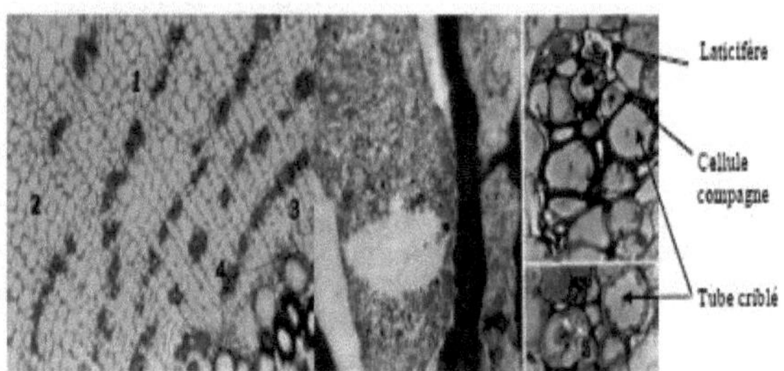

1: Laticíferos, 2: Liber, 3: Madeira, 4: Câmbios

Figura 20: Laticíferos

7. Os nectários

Encontram-se na flor. Segregam uma solução açucarada chamada néctar. O nectário é constituído por um conjunto de células secretoras com um citoplasma denso e um tecido condutor.

1. Definição

O estudo da organização dos tecidos no interior do órgão é conhecido como anatomia vegetal. A anatomia consiste em determinar a posição dos tecidos, a sua importância e a sua organização. A descrição começa com o contorno da secção e a sua simetria, e as diferentes regiões que a compõem. A raiz e o caule têm duas regiões, a casca no exterior e o cilindro central (CC) no interior. A simetria do caule e da raiz pode ser axial, bilateral ou irregular. O contorno pode ser circular ou angular. Na folha, a simetria é geralmente bilateral. Há uma face ventral ou posterior e uma face dorsal ou anterior.O estudo da anatomia vegetal começa com a identificação dos diferentes tecidos, e termina com a elaboração de um diagrama geral e de um desenho pormenorizado da secção observada.O termo estrutura primária é dado ao órgão que não completou a formação dos tecidos secundários. O câmbio vascular, que geralmente aparece cedo, é geralmente observado em órgãos com estruturas primárias. A estrutura secundária só se encontra nas Gimnospérmicas e Dicotiledóneas.

2. Anatomia da raiz com estrutura primária

A raiz é geralmente circular na secção transversal (Figura 16) e caracteriza-se por:

A área de superfície do cilindro central é menor do que a do ecore.
Presença de tecidos de revestimento e parênquima cortical de reserva na casca, e de tecidos condutores e parênquima medular no CC.

A fronteira entre o CC e a casca é formada por dois tecidos que regulam as trocas (Figura 16): A endoderme: uma única camada de células contíguas, rectangulares, com uma parede mais ou menos espessa e um espessamento misto de lípidos (lenhina e suberina). Nas monocotiledóneas, o depósito é em forma de U, daí o nome endoderme em U. Nas dicotiledóneas, o depósito encontra-se nas duas paredes laterais, daí o nome endoderme em moldura. O periciclo: tecido parenquimatoso formado por uma ou mais camadas de pequenas células parenquimatosas. O xilema cresce centripetamente.

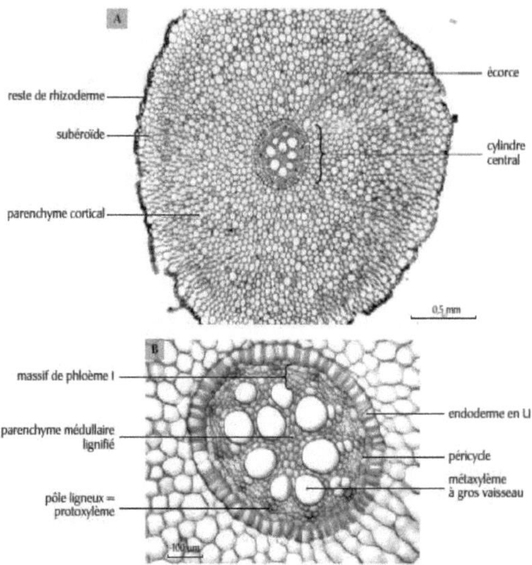

Figura 16: Anatomia da raiz primária

3. Anatomia da estrutura primária do caule

A haste tem uma secção transversal angular ou circular (Figura 17) e caracteriza-se por : A superfície do cilindro central é maior do que a do fuso. A presença de tecido de revestimento e parênquima cortical na casca, e de tecido condutor e parênquima medular no CC. O limite entre o CC e a casca é geralmente distinguido por um tecido de suporte (esclerênquima) formando uma bainha, e também pelos feixes condutores em círculos concêntricos. Nas Monocotiledóneas, observa-se um maior número de feixes condutores do que nas Dicotiledóneas (Figura 17B). Um feixe condutor é formado pela sobreposição de xilema e floema. O feixe é geralmente rodeado por tecido de suporte. O xilema cresce centripetamente (Figura 17C).

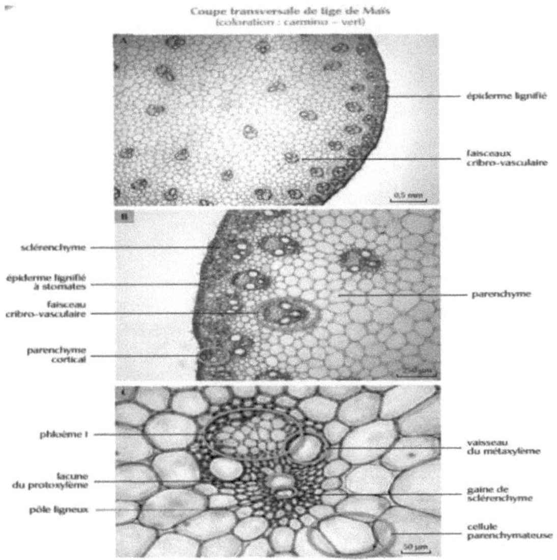

Figura 17: Anatomia do tronco primário

4. Anatomia da folha

A folha tem duas regiões:

Lâmina: formada da superfície superior para a superfície inferior por uma epiderme superior, um mesofilo (parênquima foliar) e uma epiderme inferior (Figura 18).

Nas Dicotiledóneas, o mesofilo é formado por dois tipos de parênquima, um parênquima paliçádico na superfície superior e um parênquima lacunar na superfície inferior. Este parênquima é dito heterogéneo e assimétrico. Em certas Dicotiledóneas, o parênquima lacunoso encontra-se entre dois parênquimas paliçádicos (superior e inferior), o mesofilo é dito simétrico heterogéneo. Nas

Monocotiledóneas, o mesofilo é formado por um único tipo de parênquima e diz-se que é homogéneo simétrico.

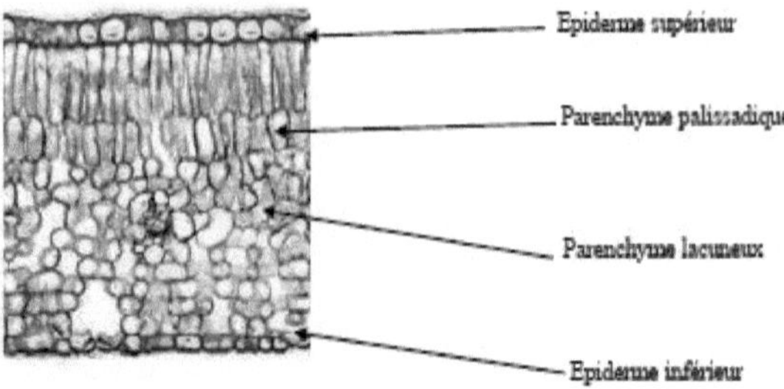

Figura 18: anatomia da lâmina foliar

A nervura: no centro da nervura, existe um feixe condutor em forma de arco invertido. O floema encontra-se na parte inferior e o xilema na parte exterior. O colênquima está geralmente presente em ambos os lados da nervura (Figura 19).

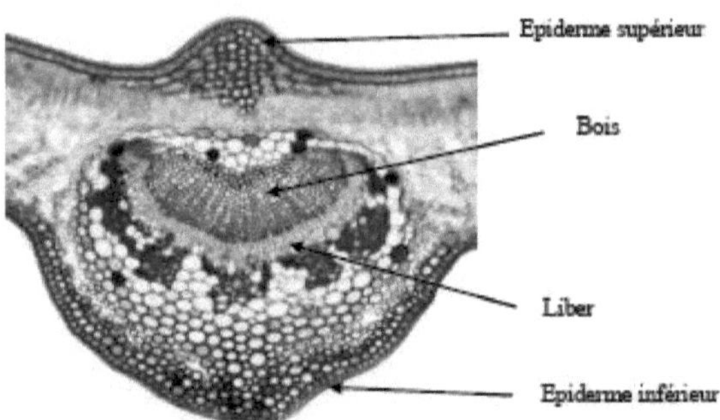

Figura 19: Anatomia da veia

5. Anatomia da raiz e do caule secundário

Uma vez estabelecidas, as estruturas secundárias invadem todo o órgão. Os primeiros elementos secundários são os elementos condutores, o lenho e o líber. Estes elementos tomam o lugar do xilema e do floema, respetivamente. Os feixes formados são designados por paquite, que podem ser contínuos ou descontínuos. O súber é formado pela rejeição dos tecidos condutores pré-existentes para o exterior do órgão. Na raiz (Figura 20A), como o cilindro central é estreito, o paquito invade completamente o parênquima medular e esmaga os tecidos condutores primários, que geralmente desaparecem. A casca mais larga conserva parte do parênquima cortical. No caule (Figura 20B), como a casca é estreita, o súber e a feloderme ocupam todo o espaço existente. Já no cilindro central, que é mais largo, parte do parênquima medular permanece.

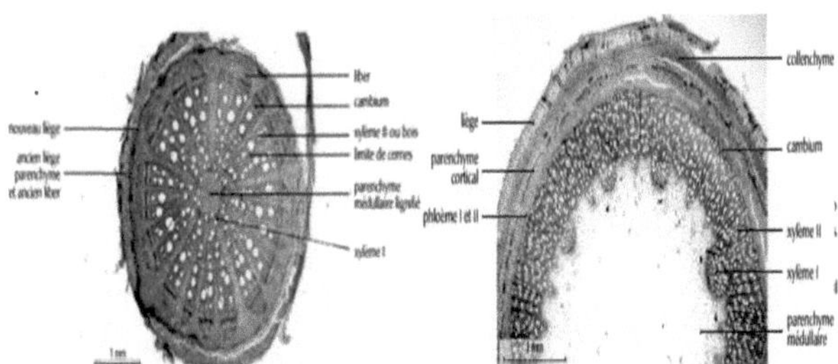

Figura 20: A raiz com estrutura secundária, B caule com estrutura secundária

REFERÊNCIAS

Bowes, B. G., & Mauseth, J. D. (2008). Estrutura das plantas: um guia de cores. Manson.

Beck, C. B. (2010). An introduction to plant structure and development: plant anatomy for the twenty-first century. Cambridge University Press.

Cutler, D. F., Botha, T., & Stevenson, D. W. (2008). Anatomia vegetal. Uma abordagem aplicada. Malden, MA: Blackwell Publishing.

Deysson, G. (1965). Elementos de anatomia das plantas vasculares. Dickison, W. C. (2000) Integrative plant anatomy. Imprensa académica.

Schweingruber, F. H., Börner, A., & Schulze, E. D. (2011). Atlas de Anatomia do Caule em Ervas, Arbustos e Árvores: Volume 1 (Vol. 1). Springer Science & Business Media.

Printed by Books on Demand GmbH, Norderstedt / Germany